物理篇

哇，科学有故事！

电的故事

[韩] 郑烷相 / 文　　[韩] 金玲言 / 绘　　千太阳 / 译

人民东方出版传媒
People's Oriental Publishing & Media
东方出版社
The Oriental Press

目录

发现静电的故事_1页

闪电和电的故事_11页

发明电池的故事_23页

走进电的科学史_35页

> 泰勒斯老师，
> # 为什么羽毛容易
> # 黏附在琥珀上？

大约在公元前 6 世纪，人们还不知道什么是电。电是肉眼看不到的东西，不被发现也情有可原。我最先发现了静电现象。羽毛容易黏附在琥珀上，就是这个原因。其实，我当时也不知道那就是电。

约公元前 6 世纪时，在一次偶然的情况下，古希腊科学家泰勒斯发现了静电。

　　有一天，泰勒斯与自己的学生阿纳克希曼德一起去狩猎。那天的天气有点儿冷，所以泰勒斯与阿纳克希曼德都穿着用动物皮毛制作的厚实衣服。

　　奇怪的是，那天他们竟然没有碰到哪怕一只猎物。

　　无奈之下，泰勒斯只好跟学生一起寻找可以休息的地方。

　　"那个地方看起来很不错。堆满了鸟的羽毛，肯定很舒服。"

　　于是，他们二人就在那里睡起了午觉。

过了一会儿，从睡梦中醒来的泰勒斯突然看着阿纳克希曼德哈哈大笑起来。

泰勒斯急忙奔向实验室。
摸不着头脑的阿纳克希曼德只好跟着一起跑起来。

在当时，人们认为自然中发生的种种奇事都与神的行为有关，因此没有人会对此感到好奇。

不过，泰勒斯非常喜欢对这些现象进行观察和研究，而且不找出答案就不会轻易放弃。

于是，他准备好琥珀和羊皮，开始做实验。

泰勒斯的琥珀实验

琥珀是树上流下来的树脂凝固而成的化石。

唰 唰

1 他用羊皮摩擦琥珀。

2 把羽毛靠近琥珀。神奇的事情发生了——羽毛全都粘在琥珀的四周。

泰勒斯重复了好几次相同的实验。

但直到最后也没能找到出现这种现象的原因。

同样，他也不知道这个实验其实就是最早的静电实验。

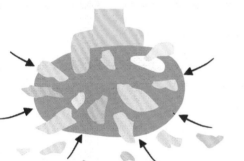

3 泰勒斯再次用羊皮摩擦了琥珀，这次摩擦了更长的时间。

莎（suō）草纸是由莎草的茎制作而成的纸张。

莎草纸

4 然后将一些莎草纸碎片靠近琥珀。这次莎草纸碎片同样全都黏附在琥珀的四周。

5 在接下来的一段时间里，莎草纸碎片每次摘下来后又会重新黏附在琥珀上。

大约 1600 年前，英国物理学家威廉·吉尔伯特做了跟泰勒斯相同的实验。
吉尔伯特认真思考了羽毛会黏附在琥珀上的缘由。

第二次，吉尔伯特并没有摩擦琥珀，而是选择用火加热琥珀。
之后，他拿着羽毛靠近琥珀。

通过这个实验，吉尔伯特明白了羽毛粘在琥珀上并不是因为热量。最终，他得知只有当两种不同的物体相互摩擦时才会产生静电。

由于是在利用琥珀做实验的过程中发现的静电，所以吉尔伯特便依照表示琥珀的希腊文单词 ēlektron，将电命名为 electricity。之后，电的英文名称就一直沿用到现在。

静电

两种不同的物体相互摩擦就会产生电。但这种电不会移动，处于静止状态。因此，人们就将它命名为"静电"。顾名思义，静电就是静止的电的意思。摩擦时产生静电，一个物体会带正电（＋），而另一个则会带负电（－），这种现象被称为摩擦起电。

制作静电

啪啪

毛皮

玻璃

当不同的物体相互摩擦时，两个物体都会产生静电。

唉？

毛皮

毛皮

若是两种相同的物体相互摩擦，则不会产生静电。

生活中的静电现象

如果用纸摩擦头发，再拿起来。

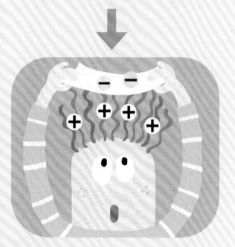

头发就会跟着纸张全都竖起来。

当鞋子与尼龙地毯发生摩擦时，地毯上的电会传递到人身上。

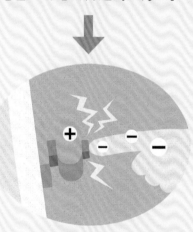

这时，如果用手触碰金属把手，指尖会有麻麻的感觉。

防止静电的方法

在手上涂抹保湿霜。

身体上的静电会随水分一同蒸发到空气中。

珍贵漂亮的化石——琥珀

琥珀是很久以前的针叶树树脂凝固而成的生物化石。

有时候琥珀中会混有一些昆虫、花粉等杂物，而这些物体是树脂凝固之前被裹进去的，然后同树脂一起凝固成琥珀。这种琥珀对科学家们研究当时的生物具有很大的帮助。大部分琥珀都呈金黄色，看起来就像是凝固的蜂蜜。但是只要用火稍微加热一下，有些琥珀就会瞬间转变为多种颜色。

一直以来，古希腊人都将琥珀当作一种非常珍贵的宝石。他们常常将琥珀制作成衣物上的装饰品和各种各样的工艺品。说不定泰勒斯也是在看到打磨琥珀的场景，才想起来用琥珀做实验。

重视琥珀的古希腊人甚至在神话中也留下了琥珀的影子。传说太阳神赫利俄斯有一个儿子——法厄同及多个女儿。有一天，法厄同在驾驶太阳战车时不慎被烧死。他的姐妹们抱头痛哭，最终化作白杨树；而她们流下的眼泪则在阳光下变为晶莹的琥珀。从那以后，琥珀被称为"太阳石"。

目前全世界最大的琥珀被保管在英国伦敦的自然史博物馆中。据说，那块琥珀足足有 15 千克。

包裹着昆虫的琥珀

富兰克林老师，**听说您打算用风筝收集电？**

自从泰勒斯发现静电现象后，科学家们已经通过实验得知电生成时会携带火花，并找出了收集电的方法。不过，我发现打雷时，天上也会闪过火光。那么，闪电是否也属于一种电呢？于是，我冒着生命危险，用风筝做了一个实验。

1752 年，美国物理学家本杰明·富兰克林正在浏览一封来自伦敦文学家协会的信。信中介绍了有关电的种种神秘现象。

To富兰克林，

当两个不同的物体相互摩擦时，
一个物体会带正电，
而另一个物体则会带负电。

这真是太有趣了！我想更深入地了解一下电。

如果发生过摩擦的两个物体带有足够的电，
那么这两个物体之间就会产生小小的火花。

"轰隆隆！"

在富兰克林读信时，外面正电闪雷鸣，下着暴雨。

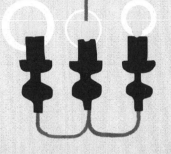

富兰克林的脑中不由得浮现出一个疑问：闪
电会不会也是一种电？

富兰克林觉得大地和云彩之间之所以会出现闪电这种巨大的火花，很可能是因为大地和云彩各自携带着相反的电荷。富兰克林很想证明闪电是一种放电现象。

从闪电中收集电的实验

想要靠近高空中的闪电，风筝无疑是最好的选择。不过，选择什么形状的风筝比较好呢？

想要放飞风筝，得用亚麻编成的绳子。如果闪电打到风筝上，电或许就能顺着绳子传递下来。

"如果能将打雷时产生的电收集起来该有多好……有什么办法可以解决这个问题呢？"

经过一番冥思苦想，富兰克林终于有了办法。

闪电真的也是一种电吗？

丝绸

铁钥匙

如果直接用手触摸亚麻绳，很有可能会触电，所以最好还是先用不导电的丝绸布将亚麻绳包起来。

不过，该怎样判断有没有电传递过来呢？对了，我可以在亚麻绳上挂一把铁钥匙。假如有电传递过来，铁钥匙上一定会迸出火花。

1752 年 6 月的一个下雨天，做好万全准备的富兰克林带着儿子一起来到山顶上。

之后，他一点点松开风筝线，把风筝放飞到云层之上。

为了收集电，他让铁钥匙靠近当时的储电装置——莱顿瓶。

随后，他紧握着连接在亚麻绳上的丝绸把手，屏住呼吸等待着闪电的出现。

片刻后……

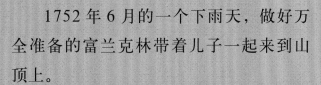

打雷了。

电顺着亚麻绳传递过来。

铁钥匙上闪烁着火花。

电被储存到莱顿

随着一道电光闪过，铁钥匙上突然进发出火花。电，出现了！通过这个实验，富兰克林最先证明闪电也是一种电。

德国的物理学家里奇曼也决定像富兰克林一样做一场闪电实验。为了收集电，里奇曼在打雷的瞬间拿起了莱顿瓶。

这时，一团火花毫无征兆地飞向他的头部，导致他当场丧命。

轰隆隆

呃啊啊！

经过深入研究闪电现象，富兰克林总结出物体的尖锐部分要比圆滑的部分更容易吸引闪电，以及更高的地方更容易受到雷击的结论。

当时，一些化学工厂和油库经常被闪电击中，进而遭遇火灾事故。

于是，富兰克林就想出了一个可以保护建筑物免受雷击的方法。

"在建筑物的顶层竖立一个尖锐的东西，是否就能避免建筑物直接被雷击到？"

避雷针

富兰克林先在建筑物的顶端安装了一根铁棍，然后将连接电线的一端绑在这根铁棍上，又把另一端埋进地下。

果然，打雷时，电全都聚集到尖尖的铁棍上。而这些电全都顺着电线流进地下，并没有对建筑物形成破坏。

这个装置就是避雷针。现在，高层建筑物的顶端都会装有避雷针。

富兰克林不仅证实了闪电就是电的事实，还找出了安全躲避闪电的方法。

电

电分为静止不动的静电和可以流动的电。其中，可以流动的电，我们称为"电流"。另外，物质可以分为如金、银等善于传导电流的导体和如树木、玻璃等不善于传导电流的绝缘体。

闪电的产生

在积雨云中，水滴和冰颗粒的相互摩擦会产生电荷。当电荷积累到一定量，倘若这时积雨云和大地相互吸引，就会形成强大的电流，劈向大地。

水滴

冰颗粒

闪电的温度有多高？

闪电周围的空气温度高达约3万摄氏度。

约**3**万摄氏度

闪电和雷鸣哪一个更快？

光的传播速度约为每秒30万千米，而声音的传播速度约为每秒340米。由于光的传播速度比声音的传播速度快88万倍左右，所以我们总是会先看到闪电，后听到雷鸣。

轰隆隆 雷

咔嚓 闪电

出发

1秒约**340**米

1秒约**30万**千米

善于导电的物质为导体

铜
银
金
水
水70%
人

不善于导电的物质为绝缘体

石头
树木
玻璃
塑料

雷神托尔的武器

在富兰克林证实闪电的本质是电之前，人们一直以为是神创造了闪电和雷鸣。你知道吗？北欧的神话中就有一个叫托尔的雷神。传闻托尔是主神奥丁手下最优秀的战士，在战场上可谓战无不胜、所向披靡。

雷神托尔拥有三件非常珍贵的宝物。其中，第一件是雷神之锤，象征着闪电。托尔曾利用雷神之锤击退过巨人。这柄锤子有一个非常神奇的特性，只要托尔扔出去，就能准确地命中目标，然后重新飞回到他的手中。第二件宝物是力量腰带。托尔只要佩戴这件腰带，他的力量就会变成原来的两倍。第三件宝物就是托尔使用雷神之锤时所戴的铁手套，让他无论怎么挥舞锤子都不会感到疲倦。

举着雷神之锤、戴着力量腰带和铁手套的托尔非常威武帅气。不过，人们喜欢他并不只是因为他长得帅气，更多的是因为他是一名负责下雨的神。对于从事农业的人们来说，雨无疑是他们最渴求的东西。人们一直坚信自然中出现的闪电是雷神托尔所为，所以常在干旱时向他求雨。

举着雷神之锤的托尔

伏特老师，
听说可以叠放金属
来发电？

　　18 世纪时，人们对电充满了好奇。科学家们争相研究发电的方法，普通人都想体验一下电流从身上经过的神奇感觉。我同样对电很感兴趣，并且发现电的秘密就藏在金属当中。

1786 年，意大利博洛尼亚大学的路易吉·伽尔瓦尼教授几乎每天都会喝一碗青蛙汤。

　　因为医生曾告诉他的妻子露西娅，多喝青蛙汤可以让身体变得健康起来。于是，青蛙汤便成为了伽尔瓦尼家中不可缺少的汤。

　　另外，伽尔瓦尼很喜欢将学生们叫到家中，与他们一起做实验、讨论问题，以及用餐。

　　露西娅也非常喜欢这群学生。

有一天，伽尔瓦尼的学生们先来到老师的家中，等待老师归来。

当时，为了用青蛙汤招待大家，露西娅正在厨房里收拾青蛙。她将收拾好的青蛙放在金属盘子里。

然后，又不经意地将之前收拾青蛙所用的刀放在青蛙身上。

而就在这时，青蛙突然像活着一样抽搐起来。

学生们和露西娅都被吓了一跳。

当伽尔瓦尼回到家里后，露西娅立即将这件事情说给他听。

伽尔瓦尼听到这件事情之后觉得很有趣，便决定做一遍相同的实验。

他认为青蛙之所以会抽搐，很有可能是它的周围存在某种"起电机"的关系。

伽尔瓦尼的青蛙实验

在摆放着某种可以发电的装置——起电机的房间里，

在没有起电机的房间里，

夹在金属盘子和金属刀具之间的青蛙后腿
会抽搐，但另一条后腿并没有动。

夹在金属盘子和金属刀具之间的青蛙后腿
会抽搐，但另一条后腿并没有动。

实验结果表明，青蛙的抽搐与起电机没有任何关系。

伽尔瓦尼认为青蛙体内肯定存在某种流动的电，即"动物电"。因此，当青蛙夹在两个金属中间时会有麻酥酥的电流经过，所以才会导致青蛙的身体出现抽搐的现象。

伽尔瓦尼发表了这个研究结果。

对伽尔瓦尼的研究结果最感兴趣的人，是意大利的物理学家亚历山德罗·伏特。

伏特将伽尔瓦尼的实验重新模拟了一遍，发现青蛙真的会抽搐。

难道真的如伽尔瓦尼所说的那样，是因为青蛙的体内储存着电流吗？

一天，做实验时，伏特灵机一动，他将自己的舌头放在铜棒和锌棒中间，结果发现舌头上产生了麻酥酥的感觉。

好奇之余，伏特又试着将舌头放在锌棒和锌棒中间，但是这次并没有感受到电流。

两种不同的金属靠近时，可以感受到电流。

嗞啦

相同的金属靠近感受不到电流。

伏特把这个方法运用在青蛙实验中。

因为他很好奇当盘子与刀是相同的金属时，青蛙还会不会抽搐。最终实验结果证明，只有盘子和刀是不同的金属时，放在两者中间的青蛙才会抽搐。

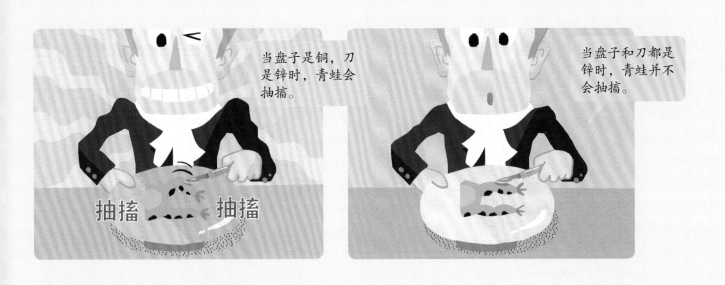

当盘子是铜，刀是锌时，青蛙会抽搐。

抽搐　抽搐

当盘子和刀都是锌时，青蛙并不会抽搐。

通过这些实验，伏特发现了一个重要的问题："青蛙的体内并没有储存电流。青蛙只有处在不同的金属中间，才会有电流经过。伽尔瓦尼的想法是错误的。"

对，

这都是因为金属！

伏特和伽尔瓦尼原本是非常要好的朋友，但自从伏特否定了伽尔瓦尼的观点后，两人的关系渐渐变得疏远起来。

之后，伏特用各种不同的金属进行了很多实验，再次发现了一个非常重要的现象，即只有在不同的金属之间放入善于导电的物质，才会产生电流。伏特认为完全可以用这种方法将电储存起来。

伏特电池

1
在锌板上面放上一张用盐水浸泡的纸，这样更容易导电。

2
在上面放一块铜板。

3
重复交替着叠加后，再用电线将上下两端连起来，就会产生电流。

　　伏特叠加制造的"金属堆"就是储存电的装置——电池。伏特是最早发明电池的人，因此这个装置也根据伏特的名字，被命名为"伏特电池"。

　　之前人们用来储存电的装置是莱顿瓶。不过，莱顿瓶在每次连接电线后都会一下子将所有的电都释放出去，所以存在很大的安全隐患。相比之下，伏特发明的电池则可以让电像流水一样缓慢地流出来，所以非常安全。

　　伏特发明的电池很快就引起人们的高度关注，尤其是化学家们直接将伏特电池运用到实验中，得出了很多新的结论。后来，伏特电池慢慢得到改进，最终演变为如今我们所用的干电池。

电池

电池是一种事先将电储存起来，然后在需要的时候释放出来的装置。当我们将电池与电路连起来后，电就会从电池中流出，顺着电路进行移动。我们在生活中最常见的电池是一种便于携带的干电池，可以用来构建电路回路。

电压的单位

电压的单位是伏特，用V表示，这是为了纪念发明电池的科学家伏特。在同种条件下，电压越大，电流就越强。

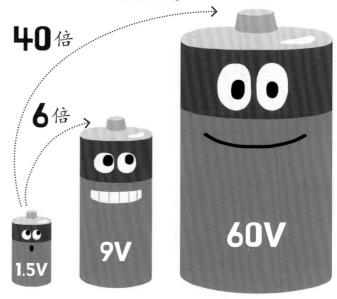

40倍

6倍

1.5V

9V

60V

干电池的结构

干电池有正极和负极。用电线连起来后，电就会从正极流向负极。

正极

1.5V

负极

内部结构

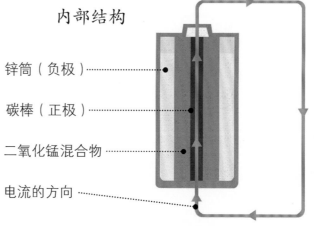

锌筒（负极）

碳棒（正极）

二氧化锰混合物

电流的方向

制作电路

用电线将电源、用电器、开关连起来的导电
回路，我们称为"电路"。

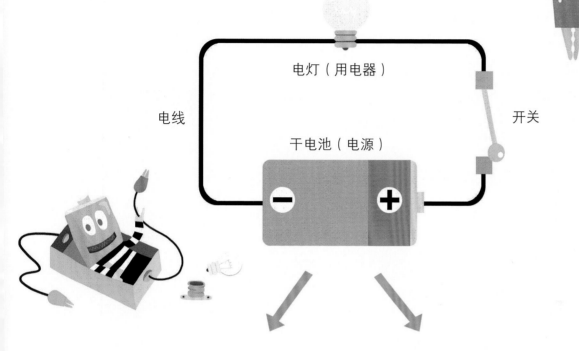

电灯（用电器）

电线

开关

干电池（电源）

串联会让灯光变亮

亮度是连接一节电池时的两倍。

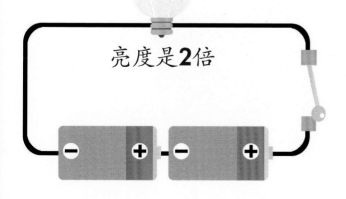

亮度是2倍

并联能延长电池的使用寿命

虽然亮度与连接一节电池时相同，但照明时长是
原来的两倍。

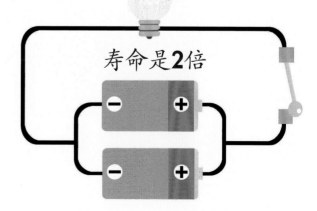

寿命是2倍

麻酥酥——会发电的动物

还记得伽尔瓦尼曾解释青蛙实验时提过的"动物电"吗？虽然他提出的有关青蛙带电的观点是错误的，但在现实生活中，确实存在能够发电的动物。

电鲶、电鳗、电鳐等都属于会发电的动物，它们所释放的电力非常强悍。我们在前面说过电压的大小可以用伏特来表示。生活在非洲尼罗河里的电鲶可以放出电压高达350伏特的电力，而栖息在亚马孙河里的电鳗则可以释放出电压高达600伏特的电力。要知道，一节干电池两端的电压只有1.5伏特，可见动物们放出的电力是多么强大。

电鳗的身体两侧长有成对的发电器官。这些发电器官可以瞬间制造并释放出强大的电流，从而用来击退敌人或击晕猎物。据说，人受到这种电击，都有可能丢失性命。

不过，电鳗并不能持续释放这么强大的电流。在放电的过程中，电流会慢慢减弱。虽然人类也摸索出了发电技术，但是有些动物却可以天生发电。不得不说，大自然实在是太神奇了。

用身体发电的电鳗

我们使用的电是如何制造出来的？

如果没有电，夜晚就会变成黑漆漆一片，我们也无法使用电器。幸亏科学家们发现了电、发明了电池，我们才能享受到电带来的便利生活。如今真的无法想象，没有了电的世界会是什么样子。庆幸的是，如今我们有很多方法制造出如此珍贵的电。

公元前6世纪

发现静电现象

泰勒斯发现羽毛可以黏附在用羊皮摩擦过的琥珀上。他是最早发现静电现象的人。

1600年

初次为电命名

吉尔伯特为电起了名字。由于最早是在琥珀上发现的静电，所以他根据琥珀的希腊文单词ēlektron，将电命名为electricity。

1746年

发明莱顿瓶

穆欣布罗克将产生的静电收集起来储存在特制的玻璃瓶中。人们称这个瓶子为"莱顿瓶"。

标记的部分是正文中出现的内容。

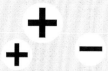

1752年

发现闪电是电

富兰克林通过风筝实验证实了闪电就是一种放电现象。另外，富兰克林还发明了保护建筑物避免被雷击的装置——避雷针。

1800年

最初的电池

伏特发现在不同的金属中间放入善于导电的物体就会产生电流。他利用这个原理发明出最早的电池。

现在

人们可以利用水、蒸汽、风、原子等力量进行发电。在不久的将来，我们很可能会迎来直接在太空中利用宇宙中的光进行发电的一天。

图字：01-2019-6046

图书在版编目（CIP）数据

电的故事 /（韩）郑烷相文；（韩）金玲言绘；千太阳译 . —北京：东方出版社，2020.12
（哇，科学有故事！. 物理化学篇）

ISBN 978-7-5207-1482-2

Ⅰ . ①电… Ⅱ . ①郑… ②金… ③千… Ⅲ . ①电—青少年读物 Ⅳ . ① O441.1-49

中国版本图书馆 CIP 数据核字（2020）第 038669 号

哇，科学有故事！物理篇·电的故事
（WA，KEXUE YOU GUSHI! WULIPIAN · DIAN DE GUSHI）

作　　者：〔韩〕郑烷相 / 文　〔韩〕金玲言 / 绘
译　　者：千太阳

策划编辑：鲁艳芳　杨朝霞
责任编辑：金　琪　杨朝霞
出　　版：东方出版社
发　　行：人民东方出版传媒有限公司
地　　址：北京市东城区朝阳门内大街166号
邮　　编：100010
印　　刷：北京彩和坊印刷有限公司
版　　次：2020年12月第1版
印　　次：2024年11月北京第4次印刷
开　　本：820毫米×950毫米　1/12
印　　张：4
字　　数：20千字
书　　号：ISBN 978-7-5207-1482-2
定　　价：256.00元（全10册）
发行电话：（010）85924663　85924644　85924641

文字　〔韩〕郑浣相

　　毕业于首尔大学无机材料工程专业。热爱物理，考入KAIST，并获得物理学博士学位。现为庆尚大学基础科学专业的一名教授。主要作品有《爱因斯坦讲的相对论故事》《科学共和国物理法庭》《科学共和国地球法庭》等。另外，《霍金讲的大爆炸宇宙的故事》和《居里夫人讲的放射能的故事》等作品还曾被选为科学优秀图书。

插图　〔韩〕金玲言

　　每天将大部分时间都用在画画上。梦想是即使成为白发苍苍的老奶奶，也能继续画自己喜欢的画。主要作品有《社会很简单》8卷、《守护我的安全守则》、《历史展示出的特别的打糕》、《威利的故事》、《吐唾沫打招呼的国家是》、《没关系，没关系，不完美也没关系》等。

哇，科学有故事！（全33册）

概念探究

生命篇
01 动植物的故事——一切都生机勃勃的
02 动物行为的故事——与人有什么不同？
03 身体的故事——高效运转的"机器"
04 微生物的故事——即使小也很有力气
05 遗传的故事——家人长相相似的秘密
06 恐龙的故事——远古时代的霸主
07 进化的故事——化石告诉我们的秘密

地球篇
08 大地的故事——脚下的土地经历过什么？
09 地形的故事——隆起，风化，侵蚀，堆积，搬运
10 天气的故事——为什么天气每天发生变化？
11 环境的故事——不是别人的事情

宇宙篇
12 地球和月球的故事——每天都在转动
13 宇宙的故事——夜空中隐藏的秘密
14 宇宙旅行的故事——虽然远，依然可以到达

物理篇
15 热的故事——热气腾腾
16 能量的故事——来自哪里，要去哪里
17 光的故事——在黑暗中照亮一切
18 电的故事——噼里啪啦中的危险
19 磁铁的故事——吸引无处不在
20 引力的故事——难以摆脱的力量

化学篇
21 物质的故事——万物的组成
22 气体的故事——因为看不见，所以更好奇
23 化合物的故事——不同元素的组合
24 酸和碱的故事——见面就中和的一对

解决问题

日常生活篇
25 味道的故事——口水咕咚
26 装扮的故事——打扮自己的秘诀

尖端科技篇
27 医疗的故事——有没有无痛手术？
28 测量的故事——丈量世界的方法
29 移动的故事——越来越快
30 透镜的故事——凹凸里面的学问
31 记录的故事——能记录到1秒
32 通信的故事——插上翅膀的消息
33 机器人的故事——什么都能做到

扫一扫
看视频，学科学